Lazreg Abdelaziz

L'étude eco-dendrométrique des peuplements du pin d'Alep de Tlemcen

Lazreg Abdelaziz

L'étude eco-dendrométrique des peuplements du pin d'Alep de Tlemcen

Eco-dendrométrique du pin d'Alep de Tlemcen

Presses Académiques Francophones

Impressum / Mentions légales
Bibliografische Information der Deutschen Nationalbibliothek: Die Deutsche Nationalbibliothek verzeichnet diese Publikation in der Deutschen Nationalbibliografie; detaillierte bibliografische Daten sind im Internet über http://dnb.d-nb.de abrufbar.
Alle in diesem Buch genannten Marken und Produktnamen unterliegen warenzeichen-, marken- oder patentrechtlichem Schutz bzw. sind Warenzeichen oder eingetragene Warenzeichen der jeweiligen Inhaber. Die Wiedergabe von Marken, Produktnamen, Gebrauchsnamen, Handelsnamen, Warenbezeichnungen u.s.w. in diesem Werk berechtigt auch ohne besondere Kennzeichnung nicht zu der Annahme, dass solche Namen im Sinne der Warenzeichen- und Markenschutzgesetzgebung als frei zu betrachten wären und daher von jedermann benutzt werden dürften.

Information bibliographique publiée par la Deutsche Nationalbibliothek: La Deutsche Nationalbibliothek inscrit cette publication à la Deutsche Nationalbibliografie; des données bibliographiques détaillées sont disponibles sur internet à l'adresse http://dnb.d-nb.de.
Toutes marques et noms de produits mentionnés dans ce livre demeurent sous la protection des marques, des marques déposées et des brevets, et sont des marques ou des marques déposées de leurs détenteurs respectifs. L'utilisation des marques, noms de produits, noms communs, noms commerciaux, descriptions de produits, etc, même sans qu'ils soient mentionnés de façon particulière dans ce livre ne signifie en aucune façon que ces noms peuvent être utilisés sans restriction à l'égard de la législation pour la protection des marques et des marques déposées et pourraient donc être utilisés par quiconque.

Coverbild / Photo de couverture: www.ingimage.com

Verlag / Editeur:
Presses Académiques Francophones
ist ein Imprint der / est une marque déposée de
OmniScriptum GmbH & Co. KG
Heinrich-Böcking-Str. 6-8, 66121 Saarbrücken, Deutschland / Allemagne
Email: info@presses-academiques.com

Herstellung: siehe letzte Seite /
Impression: voir la dernière page
ISBN: 978-3-8381-7818-9

Copyright / Droit d'auteur © 2015 OmniScriptum GmbH & Co. KG
Alle Rechte vorbehalten. / Tous droits réservés. Saarbrücken 2015

INTRODUCTION GENERALE :

Introduction générale :

Dans de nombreux pays, la forêt est une ressource naturelle importante, et au niveau mondial, les problèmes d'approvisionnement en bois se posent avec de plus en plus d'acuité. (TADJE ; 2006)
Le pin d'Alep (*pinus halepensis Mill.*) fait partie intégrant du paysage méditerranéen depuis au moins 3 millions d'années, l'aire de répartition du pin d'Alep et ses limites s'expliquent par une grande résistance à la sécheresse et par une forte sensibilité aux températures basses .cette aires s'étend sur 3.5 million d'hectares.(site web 1)

Vu l'importance des superficies occupées par le peuplement de pin d'Alep et le potentiel souvent sous estimé qu'il représente pour la filière bois ; les études menées afin d'améliorer la connaissance de cette essence et favoriser sa gestion sont nombreuses et primordiales.

A cet effet, toutes les études menées sur cette essence pionnière doivent converger vers l'objectif principal axe sur la définition d'outils visant à asseoir des stratégies de gestion durable des peuplements de pin d'Alep et de valorisation des produits correspondants.

Notre travail consiste à faire une étude éco-dendrométrique des peuplements de pin d'Alep (*pinus halepensis*) dans la forêt domaniale de Tlemcen.

Les objectifs principaux que nous nous sommes fixés se résument comme suit :
-Etude des caractéristique dendrométriques.
-Estimation de la production réelle de la forêt
-Détermination du cortège floristique du pin d'Alep et l'élaboration d'une synthèse éco-dendrométrique.

Pour la réalisation de ce travail nous avons essayé d'abord de situer le pin d'Alep par UNE étude bibliographique (chap. I), puis une présentation de la forêt domaniale de Tlemcen (chap. II), la méthodologie adopté pour l'étude éco-dendrométrique (chap.III) et enfin les résultats des déférents caractéristiques dendrométriques, l'estimation de la production réel du peuplement de pin d'Alep et en fin élaboration d'une synthèse éco-dendrométrique (chap. IV).

MONOGRAPHIE DU PIN D'ALEP

I-Présentation :

I-1-Taxonomie de l'espèce:

D'après **BONNIER(1990)** l'espèce *pinus halepensis Mill* porte le nom Pin D'Alep, en Français et Aleppo Pine en Anglais. Taxonomiquement, le pin d'Alep appartenant au groupe halepensis, est une espèce de la famille des pinacées (abiétacées), genre pinus, sous genre (eupinus), section halpensis, et sous groupe halepensis. Ce groupe représenté essentiellement par deux espèces *pinus halepensis Mill* et *pinus brutia Ten* appartient exclusivement circum méditerranéen

I-2-Description :

I-2-1-Port :

Le pin d'Alep est une des essences forestières les plus typiques et les plus importantes du midi méditerranéen. Il peut atteindre 20 mètres de hauteur et possède un tronc souvent penché et tortueux, à la cime irrégulière et peu dense. (Site web 2)

I-2-2-Aiguille :

Les aiguilles du pin d'Alep sont disposées par 2 sur le rameau. Elles sont fines, souples, d'un vert clair et longues de 6 à 10 cm. (Site web 2)

I-2-3-Fruit :

Le cône est ovoïde et mesure de 6 à 12 cm de long. La dispersion des graines se réalise dès le début de la troisième. Les cônes secs demeurent ensuite sur l'arbre pendant plusieurs années. (Site web 2)

Figure 1 : les aguilles et cônes de pin d'Alep (BOUGUENNA ; 2011)

I-2-4-Ecorce :

L'écorce du pin d'Alep adulte est épaisse, crevassée, d'un rouge brun assez foncé.

Figure 2: l'écorce du pin d'Alep (BOUGUENNA ; 2011)

I-3-Chorologie du pin d'Alep :

I-3-1-Dans le monde :

La répartition du Pin d'Alep, dont les peuplements atteignent environ 3,5 millions d'hectares, est actuellement de type essentiellement méditerranéen-occidental, mais il est localement présent dans les portions méridionales du bassin oriental **(NAHAL, 1962 ; QUEZEL, 1980)**. Le choix discutable de son épithète spécifique a amené divers auteurs à contester son indigénat, en méditerranée nord-occidentale en particulier, jusqu'à ce que l'accumulation des données historiques vienne infirmer ces allégations **(PONS, 1992 in QUEZEL et MEDAIL, 2003)**.

Il est intéressant de signaler que ce Pin n'existe pas à l'état naturel dans la région d'Alep, au nord de la Syrie. Le pin qu'on trouve à l'état spontané dans cette région est un pin voisin, le Pin brutia, avec lequel il a été confondu **(NAHAL, 1986)**.

C'est incontestablement au Maghreb qu'il offre son développement maximal, puisqu'il peut être présent pratiquement partout, des bords de mer jusque sur les massifs pré-sahariens. Toutefois, pour des raisons écologiques, il fait défaut au Maroc atlantique et sur le littoral humide de Kabylie et de Khroumirie (Tunisie) **(QUEZEL et MEDAIL, 2003)**.

En Espagne, le Pin d'Alep est cantonné sur la côte méditerranéenne où il forme des peuplements assez importants, notamment dans les chaines littorales de Catalogne, de la région de Valence et de Murcie ; il est moins fréquent en Andalousie. Vers l'intérieur, il se trouve en colonie disjointe dans la haute vallée du Tage et sur le pourtour de la vallée de l'Ebre. Aux îles Baléares, il monte jusqu'à 1.200 m d'altitude **(KADIK, 1987)**.

En France, il est fréquent en Provence et assez peu répandu et épars à l'Ouest du Rhône qu'il remonte jusqu'aux environs de Montélimar. En Corse, sa spontanéité est douteuse (région de Saint Florent) **(KADIK, 1987)**.

En Italie, le Pin d'Alep est peu abondant ; il se rencontre sous forme de massifs dans la province de Tarente. Il occupe quelques localités en Sardaigne et en Sicile.

Dans les Balkans, il est présent sur le littoral adriatique surtout au sud de Split et réapparait abondamment dans certaines zones de la péninsule héllénique notamment en Péloponèse nord occidental, en Attique, en Eubée et en Chalcidique occidentale **(KADIK, 1987)**.

Au proche orient, en Turquie, il n'a été signalé avec certitude qu'au nord-est d'Adana **(QUEZEL et PAMUCKCUOGLU, 1973)**. En Syrie, quelques peuplements existent sur le revers Ouest de la chaine des Alaouites **(BARBERO et al, 1976)**.

Sur le littoral libanais, il se trouve ça et là **(ABISALEH et al, 1976)**. En Palestine et en Jordanie, il forme quelques massifs importants.

MONOGRAPHIE DU PIN D'ALEP

En Lybie, il existe quelques localités en Cyrénaïque littoral.

Au Maroc, le Pin d'Alep est rare ; **(EMBERGER 1939, BOUDY, 1954 *in* KADIK, 1987)**, son aire est disjointe, il constitue néanmoins quelques peuplements généralement isolés sur le pourtour des grands massifs montagneux et en particulier du Rif où il est relativement fréquent sur le versant méditerranéen du Moyen Atlas (région d'Azrou, Ahermoumou des hautes Chaines orientales) et aussi du Haut Atlas où il est assez répandu dans les vallées internes du versant septentrional jusqu'au sud ouest de Marrakech. Il existe aussi quelques colonies sur les versants subsahariens de la chaine, enfin le Pin d'Alep forme quelques peuplements dans le Maroc oriental et en particulier sur les monts de Debdou.

EMBERGER (1939) in **(KADIK, 1987)**, pense que le Pin d'Alep est une espèce relique au Maroc où, à une époque plus ou moins lointaine, il avait une aire beaucoup plus étendue.

En Tunisie, le Pin d'Alep est très fréquent sur tous les massifs montagneux, il est concentré notamment sur la Dorsale tunisienne et l'Oued Mellègue **(KADIK, 1987)**.

L'importance des surfaces occupées par Pinus halepensis dans quelques pays méditerranéens est mentionnée dans le tableau suivant :

Tableau 01- Répartition du pin d'Alep dans quelques pays méditerranéens. (BENTOUATI, 2006)

Pays	Superficie (ha)	Source
Algérie	852.000	MEZALI (2003)
Maroc	65.000	BAKHIYI (2000)
Tunisie	170.000 à 370. 000	CHAKROUN (1986), AMMARI et al. (2001)
France	202.000	COUHERT et DUPLAT (1993)
Espagne	1.046.978	MONTÉRO et al. (2001)
Italie	20.000	SEIGUE (1985)
Grèce	330.000	SEIGUE (1985)

MONOGRAPHIE DU PIN D'ALEP

Figure 03 - Aire de répartition du Pin d'Alep en région méditerranéenne (FADY et al. 2003)

I-3-2-En Algérie :

En l'Algérie, l'aire de répartition de *Pinus halepensis* qui couvre 850.000 ha s'étend essentiellement dans la partie septentrionale du pays, exception faite de la région Nord orientale. C'est ainsi qu'il occupe de vastes peuplements en Oranie (Sidi-Bel-Abbes, Saida, Tlemcen, Tiaret, Ouarsenis) sur le Tell algérois (Médéa, Bibans), sur l'Atlas saharien (Monts des Ouleds Nails). Dans le Constantinois, il est surtout localisé dans les Aurès et les Monts de Tébessa où il rejoint la Tunisie par la dorsale **(KADIK, 1987)**.

Nous énumérons ci-dessous les principales régions de répartition de l'espèce en Algérie **(KADIK, 1987)** : (Fig. 4)

I-3-2-1- Les forêts littorales :

Le Pin d'Alep sur le littoral algérois et le littoral oranais occupe une faible étendue. Le +sahel d'Alger fait la transition avec la zone de chêne liège proprement dite et les zones forestières à Pin d'Alep, Thuya et Chêne vert.

I-3-2-2- -Les forêts du Tell :

Les espèces forestières les plus répandues sont le Pin d'Alep, le Chêne vert, le Thuya et le Genévrier de Phénicie. Les forêts de Pin d'Alep sont constituées par trois blocs :

(A) Les forêts des Monts de Tlemcen : Le Pin d'Alep occupe surtout le Tell méridional et les Monts de Slissen.

(B) Les forêts des Monts de Daïa : C'est une région fortement boisée, domaine par excellence du Pin d'Alep qui constitue un ensemble allant jusqu'aux portes de Sidi-Bel-Abbes. Les principaux massifs sont ceux de Tenira, Zegla, Touazizine, Guetarnia.

(C) Les forêts de Saida comprennent des futaies bien venantes, notamment celles de Fenouane, Djaâfra, Doui-Tabet, Tafrent.

Les forêts de Tiaret sont des mélanges à base de Pin d'Alep et de Chêne vert, notamment les massifs de Tagdempt et des Sdamas.

I-3-2-3-Le Tell algérois :

L'Atlas tellien part de l'Ouarsenis aux Bibans, il est dominé par les formations à Pin d'Alep et Chêne vert.

Les massifs de l'Ouarsenis sont recouverts en grande partie par des futaies de Pin d'Alep et des taillis de chêne vert, le Thuya et le Genévrier oxycèdre accompagnent ces deux espèces principales. A Ouarsenis, se rattachent les forêts de Médéa, Berrouaghia et de AinBoucif qui en sont le prolongement.

Les forêts des Bibans comprennent principalement des peuplements des Ouled Okhriss et des Ksenna qui sont constitués de futaies renfermant 9/10 de Pin d'Alep.

-Le Tell constantinois ne comporte pas de massifs étendus de Pin d'Alep, il est en mélange au Chêne vert.

I-3-2-4-Les Pinèdes de l'Atlas saharien :

Les forêts de Pin d'Alep sont surtout localisées sur les montagnes jurassiques et crétacées des Monts des Ouled Nails. Les plus beaux peuplements sont situés sur les montagnes de Djelfa (Ain-Gotaia, Sénalba, Sahary). Près de Bou-Saada se trouve le peuplement forestier de Messaad. Les autres massifs sont ceux des Djellal, de Medjedel, Zemra et le Bou-Denzir.

I-3-2-5-Les forêts des Aurès Nememcha :

Les massifs du Hodna sont constitués de forêts mélangées à Pin d'Alep et Chêne vert. Les forêts des Aurès sont dominées par le Pin d'Alep sur les versants Sud, ailleurs, cette essence est en mélange avec d'autres espèces (Chêne vert, Genévrier de Phénicie,...). Les plus beaux peuplements de Pin d'Alep sont situés entre 1000 et 1400 mm d'altitude dans les massifs des Beni-Melloul, Beni-Oudjana et des Ouled yagoub. Alors que le massif des Ouled Fedhala est dominé par le chêne vert. À Tébessa, les pineraies sont assez clairiérées, notamment celles des Ouled Sidi-Abid et de Brarcha Allaouna. Le massif de Ouled Sidi-Yahia Ben-Taleb est relativement bien venant.

KADIK (1987), après une étude de l'écologie, la dendrométrie et la morphologie du Pin d'Alep en Algérie a conclus que cette essence apparait avec une fréquence et une vitalité très inégale suivant les régions. L'aire optimale du Pin d'Alep en Algérie est déterminée à la fois par les facteurs climatiques et les facteurs humains. Ces derniers paraissent néanmoins prépondérants et semblent à l'origine d'une translation de l'aire du Pin d'Alep du sud vers le nord.

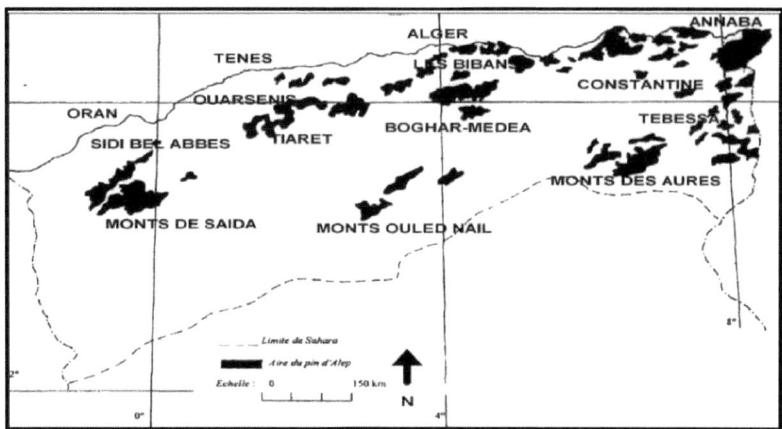

Figure 04- Aire de répartition du Pin d'Alep en Algérie (KADIK, 1987)

I-4-Ecologie du pin d'Alep :

Le Pin d'Alep est une essence méditerranéenne qui possède l'amplitude écologique la plus vaste **(NAHAL, 1962).**

Les forêts de pin d'Alep peuvent se développer sur tous les substrats et presque tous les bioclimats de la région méditerranéenne (espèce plastique). Il peut être trouvé aux altitudes de 0–600 m dans le nord méditerranéen et 0–1400 m dans le sud méditerranéen (thermo et méso niveaux méditerranéens). Il peut atteindre plus hautes altitudes, par exemple 2.600 m dans l'Atlas le plus haut du Maroc.

Le développement optimal des forêts de *Pinus halepensis* se produit à des précipitations annuelles de 350–700 millimètres et à des températures minimales absolues entre –2 et +10°C (bioclimats semi-aride et sub-humide) **(BRUNO et al. 2003).**

Le pin d'Alep est une essence de lumière (espèce héliophile) qui supporte de forts éclairements et de longues périodes de sécheresse (espèce thermo-xérophile), mais ne supporte pas les gelées rigoureuses et des températures en dessous de -5°C plusieurs jours. Rusticité limité, tolère jusqu'à -10°C **(NAHAL, 1962).**

Le Pin d'Alep pousse sur des substrats tels que la marne, le calcaire les schistes ou les micaschistes ; on ne le trouve par contre pas sur les granites ou les gneiss. En fait, le Pin d'Alep semble indifférent à la nature de la roche-mère (calcaire ou acide), mais semble s'installer préférentiellement sur les substrats meubles ou friables, réserve utile minimale : 50 mm d'eau/mètre **(LOISEL, 1976).**

I-5-Syntaxonomique et association du Pin d'Alep :

Sur le plan phyto-sociologique ; les forêts de Pin d'Alep relèvent de la classe des Querceta illicis **(MAIRE, 1926 ; BRAUN BLANQUET, 1936 ; RIVAS-MARTINEZ, 1975 et DJEBAILI, 1979 in KAABACHE, 1995)**. Cette classe représentée sur le plan physionomique par une végétation ligneuse xérique, traduit le plus fidèlement les conditions climatiques de la région méditerranéenne.

Selon **BENTOUATI, 2006**, la syntaxonomie des groupements à Pin d'Alep est la suivante:

Classe : *Querceta rotundifolia*. **(BRAUN BLANQUET, 1936)**

Ordre : *Quercetalia illicis* **(BRAUN BLANQUET, 1936)**

Alliance : *Pinus halepensis* et *Querceta rotundifolia* **(DJEBAILI, 1979)**

Association: *Pinetum halepensis* **(MAIRE, 1926)**

Cette association est répartie sur les sommets et hauts versants de l'Atlas saharien ainsi que sur les versants des Aurès.

Pour l'association du pin d'Alep le cortège floristique qui caractérise cette essence est composée par les espèces floristiques suivantes :

- *Phillyrea angustifolea*
- *Cistus salvifolius*
- *Cistus villosus*
- *Rubia peregrina*
- *Globularia alypume*
- *Rosmarinus officinalis*
- *Amelodesma mauritanicum*
- *Chamaerops humilis*
- *Teucrium polium*
- *Teucrium fruticans*
- *Juniperus oxycedrus*
- *Pistacia lentiscus*
- *Crataegus oxyacantha* **(Kadik ; 1987)**

I-6-Régénération chez le Pin d'Alep :

La colonisation par le Pin d'Alep est limitée par la distance assez faible de dissémination des graines : seulement 3 % des graines tombent à plus de 24 m du semencier **(ACHERAR et al, 1984)**.

Les graines germent rapidement et en masse, à la lumière, pendant la saison humide. La mortalité est forte chez les jeunes semis, notamment au cours des deux premières années, mais la grande production de semences et leur taux de germination élevé permettent de compenser ces pertes **(NAHAL 1962 ; ACHERAR et *al*, 1984).**

Les semis ont besoin de lumière, mais un léger couvert leur est plutôt favorable **(ACHERAR et *al*, 1984)**. Ils sont capables de s'installer sur la plupart des types de sol, mais un recouvrement important des herbacées leur est très défavorable. **TRABAUD (1976)** in **QUEZEL** et **MEDAIL (2003)**, rapporte que la régénération sous pinèdes, même dense, ne pose aucun problème car l'éclairement reste suffisant. Ce point de vue n'est pas partagé par **ACHERAR (1981)** qui affirme que le Pin d'Alep ne se régénère que difficilement sous son propre couvert où il est le plus souvent remplacé par *Querceta rotundifolia*.

Le Pin d'Alep possède une banque de graines aériennes constituée par certains cônes sérotineux qui ne s'ouvrent que lorsqu'ils sont soumis à de très fortes températures **(ACHERAR, 1981)**. Le feu provoque l'éclatement de ces cônes et favorise la dispersion des graines grâce au déplacement turbulent de masses d'air chaud qui peuvent transporter les graines sur des distances importantes. Les graines de pin d'Alep peuvent supporter des températures comprises entre 130 et 150 °C **(ACHERAR, 1981)**. Le feu ouvre le couvert végétal, supprimant ainsi pour un temps la compétition avec le reste de la végétation **(ACHERAR, 1981)**.

Le Pin d'Alep n'atteint pourtant sa pleine maturité que vers 20 ans, et ses graines sont, de surcroît, assez peu mobiles. Si, sur une zone donnée, la fréquence des incendies devient supérieure à 20 ans, le Pin d'Alep ne sera pas capable ni de s'y maintenir, ni de la recoloniser et en sera donc exclu **(QUEZEL et MEDAIL, 2003)**.

I-7-Usage et productivité du pin d'Alep :

Le pin d'Alep a un bois blanc, au cœur et couleur fauve claire (roux clair), et de qualité médiocre .Dans l'antiquité, le grecs lui vouaient un culte et il recherché pour la construction navale **(DUCHENE, 2003)**. Actuellement, il est utilisé pour la confection de caisses et des charpentes, c'est aussi un bon bois de chauffage. Par ailleurs, l'écorce, les aiguilles, les cônes peuvent donner une teinture : jaune, brune, grise, noire **(RAMEAU, 2008)**.

Pour la productivité du pin d'Alep, ce dernier est varie suivant les étages climatiques existants en Algérie (voir tableau 2).

Tableau 2 : Estimation de la production du bois de pin d'Alep par étage climatique :

Etages Climatique	Estimation de la production de bois
Littorale et sub littorale	Production supérieur a $4 m^3/ha/an$
Tell	Production estimée 2 et $4 m^3/ha/an$
Sub saharien	Production estimée 1 et $2 m^3/ha/an$

(KADIK, 1987)

ETUDE DU MILIEU

II-Presentation de la zone d'etude :
II.1. Informations générales :

Le Parc National de Tlemcen s'étend sur la partie nord des monts de Tlemcen et surplombant la ville de Tlemcen (voir carte de situation -figure 5-) .Il s'inscrit entre les coordonnées Lambert suivantes :

- Nord : x = 137,4 y = 183,7
- Sud : x = 120,9 y = 172,5
- Ouest : x = 118,2 y = 174
- Est : x = 144,2 y = 180,7

-Limites administratives et classement :

* Statut : Décret de création : n° 93 / 117 du 12 Mai 1993.
* Situation administrative :

Le Parc National de Tlemcen est situé entièrement dans la wilaya de Tlemcen , s'étend sur le territoire de 07 communes avec une superficie de 8225,04 Has et un périmètre de 82 Km . La limite connue étant de 49,7 Km soit 60,6 %.

Le Parc National de Tlemcen offre un ensemble de sites historiques et de paysages naturels pittoresques tels les massifs forestiers de montagne, les plaines, les falaises, les grottes et les cascades.

- l'altitude varie entre 869 m et 1418 m.

- pour ce qui est de la géologie du Parc, la zone montagneuse est assise sur du jurassique, par contre les plaines et les vallées sur des terrains tertiaires et quaternaires.

- Les principales essences forestières rencontrées sont le chêne liège, le chêne vert, le chêne zeen et le pin d'Alep ; les formations végétales dominantes sont des formations mixtes.

ETUDE DU MILIEU

II.2. Zone d'étude :

L'étude a été réalisée dans le parc national de Tlemcen, plus précisément dans la forêt domaniale de Tlemcen, occupée par le pin d'Alep (figure 5).

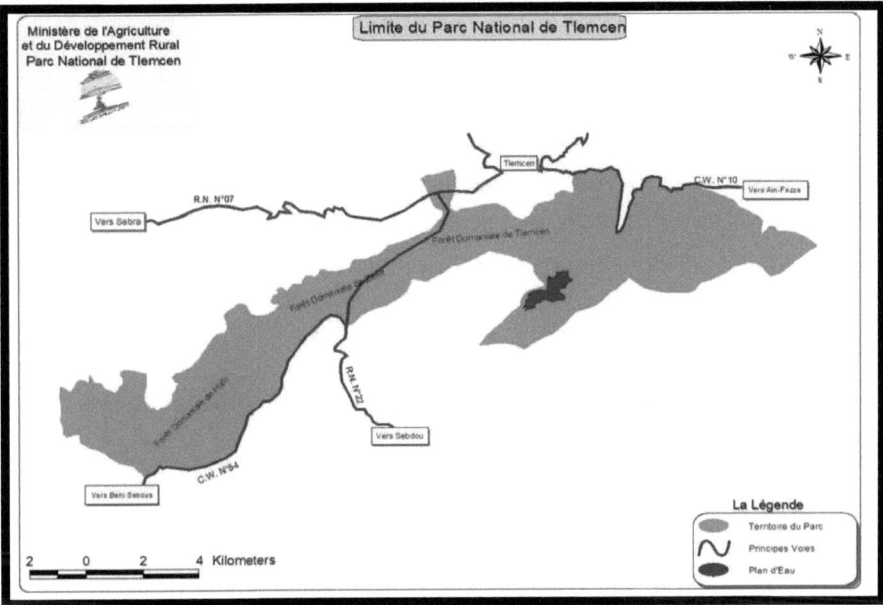

Figure 5- Situation du Parc National de Tlemcen (PNT)

II.2.1. Situation géographique :

La forêt domaniale de Tlemcen est située en amont de la ville de Tlemcen, elle est délimitée par les coordonnées Lambert suivantes :

$X1 : 131,8$ $x2 : 180,7$
$Y1 : 137$ $y2 : 182,8$

Elle est limitée :

-Au Nord par la commune de Tlemcen.

-A l'Est par le territoire de la commune de Ain fezza.

-A l'Ouest par le territoire de la commune de Terny.

ETUDE DU MILIEU

Elle s'étend sur 3 communes :

- Tlemcen 206Ha 15ares 65 c.
- Mansourah sur 40Ha 29Ares 40c.
- Terny 26Ha 25 Ares.

II.2.2. Situation administrative :

La forêt domaniale de Tlemcen relève de la circonscription des forêts de Tlemcen et le parc national de Tlemcen. Cette forêt couvre une superficie de 286 ha, elle est divisée en 05 cantons et chaque canton renferme 01 ou 02 groupes de parcelles (voir le tableau ci-dessous).

Tableau 3- Division de la forêt de Tlemcen en cantons (fascicule de gestion de la forêt de Tlemcen). (DAHMANI;2000)

Commune	N°des parcelles	Superficie de parcelles	Superficie de parcelles par communes	N° de groupe	Nom des cantons	Superficie des cantons
Tlemcen	356	28ha 71 ares 40c	206ha 15 ares 65c	01	Boumediene	140ha 41 ares 25c
	584	00ha 38 ares 55c		02		
	584²	00ha 16 ares 80c				
	584²	00ha 06 arse 40c				
	587	44ha 13 ares80c				
	592	49ha 18 ares 50c				
	593	08ha 72 ares 80c				
	594	09ha 03 ares 00c				
	586	15ha 85 ares 40c		06	Dar cheer	40ha 54 ares 40c

ETUDE DU MILIEU

	639	24ha 69 ares 00c				
	633	25ha 20 ares				
Terny	627	15ha 30 ares 20c			Sarrar	66 ha 20 ares
Mansourah	633	10ha 94 ares 80c	26ha 25 ares			
	627	14ha 75	40ha 11 ares 36c			
	607	13ha 18 ares 00c			Attar	13 ha 36 ares 40c
	566	12ha 18 ares 36c			Moudjel	12ha 36 ares 40c
Total						272ha 70 ares 05c

ETUDE DU MILIEU

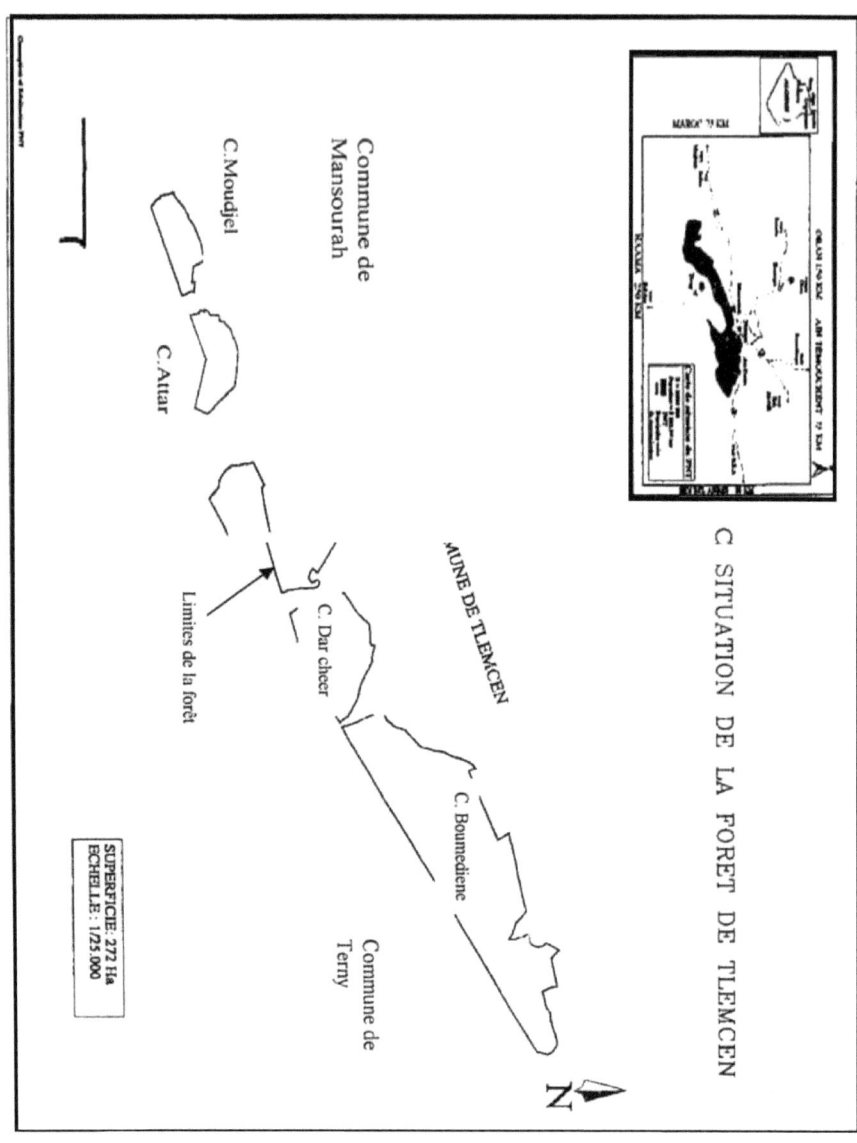

Figure 6- Situation de la forêt domaniale de Tlemcen (DAHMANI ;2000)

ETUDE DU MILIEU

II.2.3. Origine de la forêt :

L'origine de la forêt de Tlemcen est un reboisement à base du pin d'Alep réalisé en période coloniale dont les travaux ont commencé vers 1893, sur incitation de la collectivité locale et la collaboration du service des eaux et forêts. Les objectifs assignés à cette époque à ce boisement étant doubles :

-Protection de la ville contre les inondations et l'érosion, et création d'un espace vert pour des fins de loisir (forêt suburbaine) (fascicule de gestion de forêt de Tlemcen).

-Les travaux de reboisement ont été étalés sur plusieurs années pour parcourir la totalité de la superficie, avec la contrainte de l'affleurement de la roche mère où il était indispensable le recours à l'utilisation des potes avec un apport de terre. Le reboisement s'est fait réaliser à une densité de 2500 plants/ha.**(DAHMANI ;2000)**

II.3. Caractéristique de la zone d'étude :

II.3.1. Relief :

II.3.1.1. Altitude :

La forêt deTlemcen, intégrée au parc national de Tlemcen, fait partie des monts de Tlemcen, ces derniers étant un massif montagneux nettement marqué avec une orientation d'Ouest en Est. Elle comprend trois Djebels à savoir :

-Djebel Moudjer dont l'altitude atteint 1236m.
-Djebel Beniane 1235m et Guadet et Ech chair 1215m. .**(DAHMANI ;2000)**

Le profil de ces monts présente des lignes crêtes. Alors que le point plus bas est situé à une altitude de 950m.

II.3.1.2. Pente :

Dans le parc, trois classes de pentes prédominent : de 3-12,5%, de 12,5-25% et de 25% à 50% engendrent un relief accidenté. Pour notre forêt se combinent des dénivellations très variables entrecoupées par des replats, avec une pente moyenne de 40%.**(DAHMANI ;2000)**

ETUDE DU MILIEU

II.3.1.3. Exposition :

Les expositions les plus dominantes dans le parc national de Tlemcen sont le Nord-Ouest et le Sud-Est ceci explique par l'orientation de la majorité des monts de Tlemcen qui s'étendent de Ouest ver l'Est. Alors que la forêt de Tlemcen présente quasi totalement une exposition Nord.(DAHMANI ;2000)

II.3.2. Structure géologique :

La carte géologique du parc national de Tlemcen a été établie à l'échelle 1/50000. Elle nous a permis de déceler que la majeure partie de la forêt de Tlemcen repose sur les dolomies de Tlemcen qui marquent les monts de Tlemcen d'un style morphologique bien particulier. L'érosion y a parfois donné naissance à des reliefs très chahutés à aspect ruiniforme.(DAHMANI ;2000)

II.3.3. Aspect pédologique :

Les sols formés sous climat méditerranéen présentent tout un caractère commun fondamental qui les oppose aux sols des climats tempérés.
La plupart des sols de la région rentrent dans la catégorie des sols fersiallitiques et bruns calcaires (GAOUAR in MEGHILLI, 1998).
La nature des sols au niveau de la forêt appartienne au type brun calcaire et calcique avec une profondeur allant du superficiel à moyennement profond (0 à 30cm) avec l'apparition de la roche mère par endroits. Il est à noter le rôle joué par la végétation dans la morphogenèse des et leur évolution sans le temps. .(DAHMANI ;2000)

II.3.4. Hydrographie :

Le réseau hydrographique dans le parc national de Tlemcen est relativement dense. Il est généralement alimenté par de nombreuses sources du parc.
Notre forêt se trouve dans le versant septentrional où se répartit un réseau hydrographique composé de : (Oued Inndouz, O.Reyenne, O.Dar-Ziata, O.Zarifet, O.Magramane, O.Allah et plusieurs chabets).
On note aussi une série de sources ;se répartit sur l'ensemble du parc alimentant la quasi-totalité du réseau hydrographique parmi elles : (Aïn Meharras et Aïn Krannez).

ETUDE DU MILIEU

La plupart de ces cours d'eau sont caractérisés par leur faible débit et d'un régime hydrique très irrégulier.(DAHMANI ;2000)

II.3.5. Aspect climatique :

Le climat est défini comme étant l'interaction d'un certain nombre de facteurs à savoir la température, la pluviométrie, etc....
En conséquence, la composition floristique varie en fonction des types de climat, le sol n'intervient que comme un facteur secondaire lui-même façonné par le climat. Ces influences sur la structure de la végétation ont amené les auteurs à conclure que la végétation n'est en dernier ressort qu'un reflet du climat(QUEZEL,1976 ; DAHMANI,1997;BOUAZZA,1991).

II.3.5.1. Climat local :

II.3.5.1.1. Le choix de la station météorologique :

Le choix de la station météorologique a été réalisé par rapport à la proximité de notre station d'étude et dans un souci de bien cerner les influences climatiques sur les conditions locales, nous avons choisi la station d'El-Meffrouche (tableau 4).

Tableau 4- Les caractéristiques de la station météorologique de référence.

Stations	Longitude	Latitude	Altitude	Période
Meffrouche	1°16' O	34°51' N	1100 m	1996-2006

II.3.5.1.2. Pluviométrie :

L'étude des régimes pluviométriques et thermiques est d'une importance capitale pour la caractérisation des différents types de climat (**PEGGUY, 1970**). L'examen des hauteurs de pluies (Tableau 5), fait apparaître que la station d'El-Maffrouche recevait un total moyen de précipitation, ceci est dû au fait que les pluies sont apportées par les vents du Nord-Ouest chargés d'humidité, ces vents n'atteignent la forêt qu'après avoir traversé les monts de Tlemcen et avoir déchargé la presque totalité de leur humidité.

ETUDE DU MILIEU

Tableau 5-Précipitations moyennes mensuelles et annuelle station de Mefrouche Période : (1989-2005)

Mois	J	F	M	A	M	J	Jt	A	S	O	N	D	Année
P (mm)	94,84	61,48	76,97	57,13	51,81	11,51	2,43	6,68	18,15	49,7	60,92	57,08	548,7

- La moyenne pluviométrique annuelle est de 548.7 mm
- Le minimum apparaît en juillet ave 2,43 mm, alors que le maximum se situe en janvier 94,84 mm, suivi d'un maximum secondaire en Février avec 76,97mm.

II.3.5.1.3. Les Températures :

A - Températures maximales moyennes (M) :

Tableau 6- Températures maximales moyennes (M).

Mois / Station	J	F	M	A	M	J	Jt	A	S	O	N	D	Moyenne Annuelle
Meffrouche	11,1	13,3	14	15,3	18,7	25,9	30,5	30	25,1	19,2	15,5	12,9	19,3

Le minimum est en Janvier et le maximum en Juillet.

B - Températures minimales moyennes (m) :

Tableau 7- Températures minimales moyennes (m)

Mois / Station	J	F	M	A	M	J	Jt	A	S	O	N	D	Moyenne Annuelle
Meffrouche (1989-2005)	6,7	8,2	10	10,7	14,8	20	24,4	24,3	19,6	14,5	11	8,2	14,36

ETUDE DU MILIEU

Le minimum et le maximum se situent en janvier, et juillet.

II.3.5.1.4. Régime saisonnier :

Pour faciliter le traitement des données climatiques, un découpage en saisons de la pluviosité annuelle est indispensable. **MUSSET (1935)** a défini le premier la notion du régime saisonnier. Il a calculé la somme de précipitation par saison et a effectué le classement des saisons par ordre de pluviosité décroissante.

En **1977, DAGET** défini l'Eté sous le climat méditerranéen comme la saison la plus chaude et la moins arrosée. Cet auteur considère les mois de Juin, Juillet et Août comme les mois de l'été.

D'une manière générale, les précipitations sont réparties inégalement durant les saisons.
Comment nous le montre le tableau8, les précipitations les plus importantes sont celles qui tombent en hiver, par rapport à celles de l'automne, et au printemps bien que ces dernières constituent un apport non négligeable.

Tableau 8 : Régimes saisonniers des précipitations

Stations	Répartition saisonnière des pluies (mm)				Type	Précipitations annuelles (mm)
	H	P	E	A		
Meffrouche	213,4	185,89	20,62	128,76	HPAE	548,7

La période pluvieuse s'étend de Novembre à Mars voir Avril. Nous avons remarqué que les deux périodes (ancienne et nouvelle), présentent le même type de régime saisonnier. Celui-ci correspond au régime Semi-continental **(HPAE)**. Cette définition est appelée méthode de **MUSSET (1935)** in **DAGET (1977)** :

- Le type HAPE correspondant aux zones littorales, ou plutôt ceux à influence maritime.
- Le type HPAE se rapportant à une région semi-continentale.

ETUDE DU MILIEU

Nous remarquons que la station ont une abondance pluviale en hiver et au printemps et une sécheresse estivale. Cette répartition des pluies permet aux espèces végétales la reprise de leur activité biologique et permettent aussi sans aucun doute à la végétation d'entamer la saison estivale avec des réserves hydriques à la fois dans le sol et dans le végétal.

II.3.5.1.5. Synthèse climatique :

II.3.5.1.5.1. Diagrammes ombrothermiques de Bagnoles et Gaussen 1953 :

La période de sécheresse est un élément très important pour déterminer l'ecologie de certaines plantes et de définir leurs limites de végétation.
D'après **BAGNOULS** et **GAUSSEN (1953)**, la sécheresse n'est pas nécessairement l'absence totale des pluies,mais elle se manifeste quand les faibles précipitations conjuguent avec des fortes chaleurs.

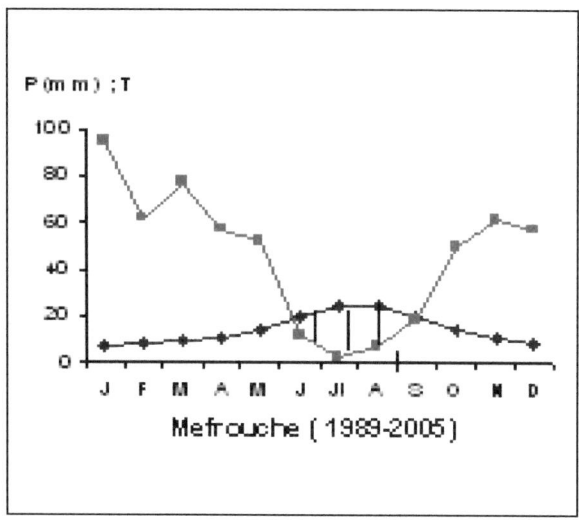

Figure 7- Diagrammes ombrothermiques de BAGNOULS
Et GAUSSEN, 1953 (F.D. Tlemcen)

ETUDE DU MILIEU

Concernant notre zone d'étude et selon la figure 7;la sécheresse est enregistrée du début de Juin à mi-septembre pour la nouvelle période.

P : Précipitation mensuelle en mm.
T: Températures moyennes mensuelles en °C.

II.3.5.1.5.2. Climagramme pluviothermique d'Emberger :

EMBERGER propose d'utiliser pour la région méditerranéenne le quotient pluviothermique défini par l'expression :

$$Q_2 = \frac{1000\,P}{\frac{m+M}{2}(M-m)} = \frac{2000\,P}{M^2 - m^2}$$

Dont :

P : précipitations moyenne annuelle en (mm).
M : moyenne des maxima du mois le plus chaud en (t°K= t°C+273,2).
m : moyenne des minima du mois le plus froid en (t°K= t°C+273,2).

Tableau 9- Situation bioclimatique de la station de référence

Station	P (mm)	T (°C)	M (°C)	m (°C)	Q2	Etage bioclimatique
Mefrouch 1989-2005	548,7	14,36	30,5	2,3	67,18	Sub-humide inférieur à hiver frais.

ETUDE DU MILIEU

Le tableau ci-dessus montre que notre zone d'étude (forêt domaniale de Tlemcen) se trouve dans une ambiance bioclimatique sub-humide inferieur à hiver frais (figure 8).

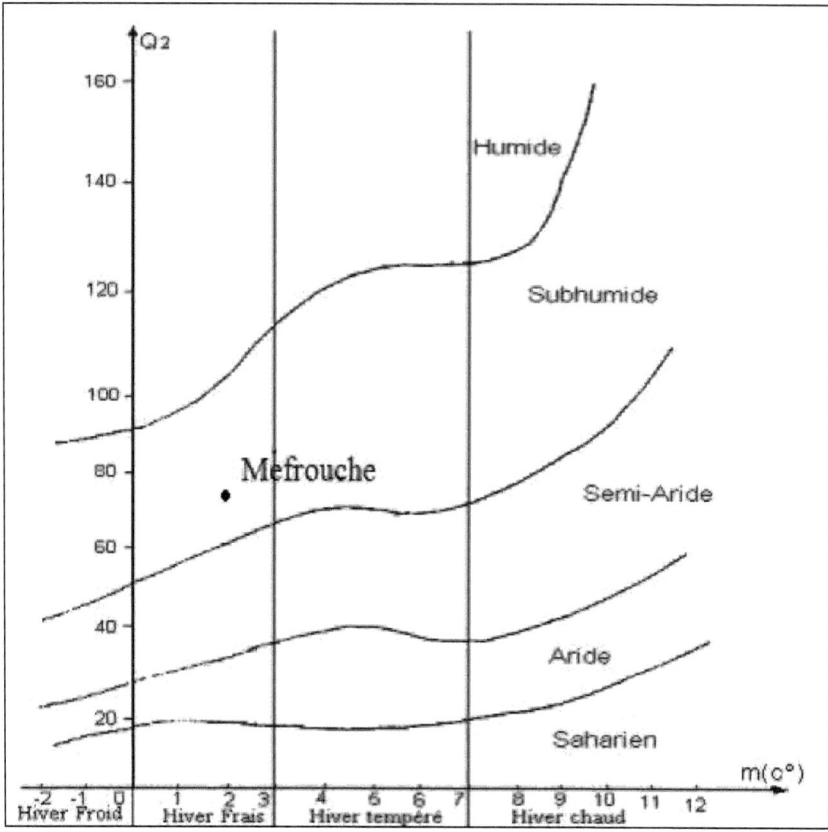

Figure 8 - Climagramme pluviothermique du quotient d'EMBERGER (Q2) (1989_2005)

METHODOLOGIE D'ETUDE

III. Matériel et méthode :

Chaque étude dendrométrique est basée sur des relevés pris sur terrain, tout en utilisant des instruments dendrométrique :

III.1. Matériel de travail :

Les instruments utilisés dans notre travail sont :

1- La roulette à manche de longueur de 20 m.
2- Le dendromètre Blum-Liesse.
3- L'altimètre.
4- Le relascope de Bitterlich.
5- la boussole.

Figure 9- Le Matériel utilisés dans notre travail (LAZREG ; 2013)

III.2. Mise en place du dispositif expérimental :

Notre démarche de travail est subdivisée en trois étapes :

1- Implantation des placettes.
2- Mesure des caractéristiques stationnelles (altitude. exposition, pente,...).
3- Mesure des caractéristiques dendrométriques.

METHODOLOGIE D'ETUDE

III.2.1.Installation des placettes:

Échantillonnage et nombre de placettes :

En pratique et avant d'entreprendre les travaux d'inventaire proprement dit, il est important de connaître le type d'échantillonnage pour l'installation des placettes d'essais. Pour le cas de la forêt de Tlemcen, nous avons choisi, l'échantillonnage systématique dont l'espace entre les placettes est de 100 mètres sur des lignes parallèles également équidistantes.

Le nombre de placettes peut être estimé en fonction de la variation des variables dendrométriques envisagée et de la précision souhaitée pour les résultats. Le nombre de placettes (n) est donné par la formule suivante **(DAGNIELI, 1977)**:

$$n = [tn^2 - a/2 \, (CV)^2] / dr^2$$

n : Nombre de placettes.

dr : Correspond à un degrés de confiance (I - x) qui est exprimé en (%) de la moyenne.

a: Erreur à craindre.

tn : Marge d'erreur à craindre.

CV : Coefficient de variation exprimé en (%).

En raison des difficultés rencontrées sur terrain, le nombre total de placettes d'essais a été maximisé à 12 placettes.

Les douze (12) placettes d'échantillonnages sont réparties comme suit :

- 06 placettes : au nivaux du canton Boumediene.
- 06 placettes : au nivaux du canton Sarrar.

III.2.2.Type et forme des placettes :

III.2.2.1.Type de placettes :

Selon **DECOURT (1973)**, les placettes de production permettent l'étude de liaisons station - production. Les placettes de production installées à travers la zone d'étude est de type temporaires, en effet ces dernières sont destinées pour relever des mesures d'une seule année.

III.2.2.2.Forme des placettes :

Différentes formes de placettes peuvent être choisies, mais les plus fréquemment utilisées pour des raisons pratiques (plus grande facilité d'implantation) sont ceux qui donnent à la projection horizontale de la placette une forme circulaire, rectangulaire ou carré **(DUPLAT** et **PERROTE ,1981)**. On a choisi de travailler avec des placettes circulaires vu les avantages que présentent leurs formes :

-Cette forme ne présent pas de direction privilégiées **(PARDE ,1961)**

METHODOLOGIE D'ETUDE

-Les arbres limites que trouvent exactement sur la ligne délimitative posent toujours des problèmes et c'est pour cela qu'on choisi la forme géométrique circulaire qui a le plus court périmètre, d'où un nombre moindre d'arbres à cheval sur la ligne de délimitation.

-L'assiette des placettes circulaire est facile et rapide à installer **(PARDE et BOUCHON, 1988)**

III.2.2.3. Délimitation des placettes :

La délimitation des placettes à été faite à l'aide de la roulette de longueur de 20m, et a partir d'un point choisi sur le terrain (centre de placette), nous avons mesuré une distance qui correspond au rayon du cercle de 5 ares. Cette distance est varie suivant la pente enregistré sur le terrain (tableau 10)

Tableau.10 : Rayon suivant les différents angles d'inclinaisons pour une superficie 05 ares de placettes circulaires **(PARDE et BOUCHON, 1988).**

Pente en degrés	Rayon suivant la pente pour (5 ares) de surface placette
0°	12,6
6°	12,7
10°	12,7
12°	12,8
16°	12,9
20°	13
22°	13,1
24°	13,2
26°	13,3
28°	13,4
30°	13,6
35°	13,9
40°	14,4
45°	14,9
50°	15,7

III.3. Détermination des relevés stationnels :

Les caractéristiques stationnelles (exposition, altitude, pente, recouvrement), ont été relevés pour chaque placette :

- La pente : Elle est déterminée à l'aide du Blum-leiss.
- Altitude : à l'aide de l'altimètre, nous avons déterminé les altitudes voulues pour l'emplacement des placettes.
- L'Exposition: Elle est déterminée à l'aide de la boussole.

METHODOLOGIE D'ETUDE

- Recouvrement: Exprimé en %, représentant l'occupation du sol par le couvert et la densité du peuplement, il est déterminé à vu d'œil.
- Relevé floristique : A l'intérieur de chaque placette nous avons recensés les principales espèces floristiques accompagnatrices du pin d'Alep, ainsi des listes floristique par canton ont été dégagées, pour la synthèse éco-dendrométrique du peuplement de pin d'Alep de la forêt domaniale de Tlemcen.

III.4. Mesures des caractéristiques dendrométriques dans les placettes d'échantillonnage:

III.4.1. Mesure des circonférences :

III.4.1.1. Mesure des circonférences à 1.30 m :

La circonférence de l'arbre est la variable actuellement mesurée. Les mesures à hauteur d'homme (1.30 m) du sol avec un ruban, présente la méthode la plus consistante et la plus fiable. Pour chaque placette, les circonférences ont été mesurées à 1.30 m en se plaçant systématiquement du coté amont de l'arbre.

III.4.1.2. Circonférences de la tige de surface terrière moyenne (cg):

La circonférence de la tige de surface terrière moyenne, est utilisée comme paramètre pour l'estimation du volume moyenne des peuplements forestiers. Dans les inventaires dendrométrique par la méthode de l'arbre moyen, le Cg est calculé comme suit:

$$Cg = \sqrt{4.\pi.\bar{g}}$$

(PARDE et BOUCHON, 1988)

Avec :

> La surface terrière moyenne arithmétique est égale la somme des surfaces terriers divisée par le nombre d'arbres, calculée pour chaque placette

$$\bar{g} = \frac{G}{N}$$

$$G = \Sigma\, C_i^2 / 4\pi$$

Avec :

$\bar{g}$: Surface terrier moyenne arithmétique

C_i : Circonférence de l'arbre à 1.30 m ;

MÉTHODOLOGIE D'ETUDE

N : Nombre d'arbre de placette.
G : surface terrière totale de placette.

III.4.2. Mesures des hauteurs :

III.4.2.1. Mesures des hauteurs totales des arbres (H tot) :

La hauteur totale de l'arbre est définie comme étant la distance comprise entre le pied et le sommet de l'arbre (son bourgeon terminal). Dans notre travail, on a utilisé le dendromètre Blume-leiss pour mesurer les hauteurs totales des arbres.

III.4.2.1.1. Description du dendromètre Blume - leiss :

Le dendromètre Blume-leiss, composé d'un Clisérmetre à perpendicule immobilisable au manient de la visée. devant quatre échelles graduées en « Hauteurs » et une cinquième en « Angle », les échelles des hauteurs correspondant à un éloignement de l'arbre à mesurer de 15 20, 30 et 40 mètres. Ces distances sont mesurables grâce à un viseur dioptrique donnant deux images (décalées d'un angle E . tel que $tg\ E = 0.03$), et d'une petite mire pliante que l'on accroche à l'arbre ; sur cette mire sont tracés des traits blancs distants de 45 , 60.90 , 120 cm, ce qui correspond lorsque les images de deux traits viennent en coïncidence décalée à des distances de 15 , 20 , 30 ou 40 mètres **(PARDE et BOUCHON , 1988)**.

III.4.2.1.2. Emploi Pratique de dendromètre. Blume-leiss :

Après avoir placé la mire pliante contre l'arbre, nous choisissons comme par exemple une distance de 15 mètres, on précise cette distance à l'aide de viseur dioptrique en avançant ou en reculant d'un pas seulement jusqu'à ce qu'on remarque que l'écart entre les voyants ce coïncide : dans ce cas on peut dire qu'on est placé à 15 mètres de l'arbre. On vise successivement le pied et le bourgeon terminal de l'arbre et on lit à chaque fois la hauteur sur la graduation correspondante à la distance prise (15 mètres).

Le calcul de la hauteur se fait comme suit :

– On ajoute les deux lectures, si elles se lisent de part et d'autre du zéro de l'échelle (ce qui est toujours le cas en terrain horizontal) .
– On soustrait la plus petite de la plus grands dans le cas contraire.

METHODOLOGIE D'ETUDE

− Corriger éventuellement la hauteur lue en fonction de la pente de terrain (**PARDE ET BOUCHON, 1988**), suivant la relation :

$$\text{Hauteur réelle} = \text{Hauteur lue} \times \cos^2 i$$

Avec i : pente (l'angle que forme le centre de la mire avec l'horizontal)
Les valeurs de $\cos^2 i$, sont données sous forme de tableau qui ce trouve sur le dos de l'appareil de Blume-leiss.

III.4.2.3. Hauteur moyenne (H m) :

La hauteur moyenne d'un peuplement est une caractéristique dendrométrique importante. Elle va intervenir dans le calcul du volume. La hauteur moyenne dépend avant tous des trois facteurs suivants : l'essence, l'âge et la station. Leurs usages prend de plus en plus d'ampleur dans la pratique du métier forestier (**PARDE** et **BOUCHON, 1988**).

$$H_{moy} = \Sigma (n_i . h_i) / N$$

Avec :
n_i : nombre de tiges par catégories de diamètre ou de circonférence.
N : nombre total de tiges dans la placette.
H moy : Hauteur moyenne de la placette en mètre (m).

III.4.2.4. hauteur dominante :

PARDE (1961) et **RIOU-NIVER (1985)** s'accordent pour définir la hauteur dominante comme étant la hauteur moyenne des 100 plus gros arbres par hectare.

La hauteur dominante, est utilisée comme base de définition de la fertilité stationnelle au niveau de son étroite avec la production totale en volume, en effet le choix de la hauteur dominant et non la hauteur moyenne du peuplement comme critère de détermination de fertilité de la station se justifie par la plus grande indépendance de la première vis-à-vis des conditions ou traitement sylvicoles (**HAMILTON ,1975**)

Dans le cas de notre étude, la hauteur dominante est correspond à la hauteur moyenne des 5 plus gros arbres de la placette, puisque la surface choisi est de 5 ares.

III.4.3. mesures de coefficient de forme :

La détermination du coefficient du forme pour les arbres du pin d'Alep de la forêt domaniale de Tlemcen été possible grâce à l'utilisation du Relascope de BITTERLICH :

III.4.4. L'âge du peuplement :

L'âge du peuplement forestier est une caractéristique très intéressante car elle permet le calcul des accroissements des différentes grandeurs.

L'âge moyen d'un peuplement pur et équienne est estimé généralement sur la base d'un sondage à la

METHODOLOGIE D'ETUDE

tarière de Pressier de quelque arbre représentatif, en procédant à un comptage de cernes annuels. Dans notre cas, nous avons considéré les peuplements composants la forêt comme sensiblement équienne et nous avons retenu un âge moyen de 120 ans, en se référant à la date de plantation (1893).

III.4.5. la densité :

La notion de densité est étroitement liée à divers concepts tels que la concurrence entre individus et le degré du couvert d'un peuplement **(RONDEUX ,1992)**.

Elle est calculée sur la base du nombre d'arbres par unité de surface :

$$D = Np/Sp$$

D : densité ou nombre d'arbres /hectare
Np : nombre d'arbre /placette
Sp : superficie de la placette en Ha

III.4.6. Estimation Du Volume moyen Des Peuplements :

Parmi les nombreuse formules de cubage d'arbres, nous nous sommes intéressés au model du volume réel de l'arbre dont la formulation est la suivante :

$$V = F \times C^2/4\Pi \times H$$

V : volume de l'arbre en m^3
F : coefficient de forme de l'arbre
C : circonférence à 1.30m en m
H : hauteur totale de l'arbre en m
Nb : il s'agit du volume fut.

III.4.7. Accroissement moyen annuel en volume :

la productivité peut être exprimée au moyen de l'accroissement moyen annuel en volume à un âge donné ; généralement a 100ans, cet accroissement étant évidemment en relation direct avec le volume totale dans les peuplement à structure équienne **(BOUCHON, 1992)**

AMA=PT/âge

Avec :
AMA : accroissement moyen annuel en m3/ha/an
Age : 120ans
PT : production totale

RESULTAT ET INTERPRETATION

Tableau 11 : Matrice Des Caractéristique Dendrométrique

N placette	Cm	Cg	C dom	Hm	H dom	N/ha	g
Canton Boumediene Placette 01	1.25	1.26	1.56	11.64	13.3	240	0.146
Placette 02	1.24	1.26	1.65	12.1	14	200	0.114
Placette 03	1.22	1.25	1.82	10.47	11.75	180	0.128
Placette 04	1.18	1.20	1.55	12.91	14.1	240	0.105
Placette 05	0.91	0.94	1.24	9.78	12.5	320	0.071
Placette 06	1.52	1.55	2.00	13.95	15.55	240	0.188
Moyen canton	1.22	1.24	1.63	11.80	13.53	236.66	0.124
Canton serrar Placette 01	1.57	1.60	2.05	12.16	14.2	240	0.224
Placette 02	1.43	1.46	1.96	13.03	15	280	0.184
Placette 03	1.68	1.72	2.2	13.46	15.9	320	0.244
Placette 04	1.82	1.84	2.43	19.28	20.5	260	0.252
Placette 05	1.42	1.44	1.92	14.34	16	260	0.163
Placette 06	1.28	1.311	1.84	12.95	14.9	240	0.13
Moyen canton	1.53	1.56	2.08	14.20	16.08	266.66	0.199
Moyen de forêt	1.38	1.40	1.84	13	14.80	251.66	0.162

Avec :

Cm : circonférence moyenne arithmétique en cm.

Cg : circonférence de l'arbre moyen en cm.

C dom : circonférence dominante en cm

g : surface terrière moyenne en m2.

Hm : hauteur moyenne en m.

RESULTAT ET INTERPRETATION

H dom : hauteur dominante en m.

N/ha : densité par hectare.

IV.1. Résultats de l'étude dendrométrique :

D'un point de vue dendrométrique, un peuplement forestier est caractérisé ou représenté par des grandeurs moyennes ou ramenées à l'unité de surface, les premières concernant essentiellement des grosseurs et des hauteurs alors que les secondes ont surtout trait aux nombres de tiges (densité), aux surfaces terrières et aux volumes observés à l'hectare.
En ce qui concerne les caractéristiques dendrométriques évoqués, c'est surtout le volume qui est à préciser, car la densité et la surface terrière sont nettement plus facile à estimer.

IV.1.1. Structure Forestière Des Peuplements :

Le regroupement ou la distribution de toutes les tiges inventoriées d'un peuplement forestier par catégories de grosseur, exprimé la structure de ce peuplement **(PARDE ET BOUCHON, 1988, RONDEUX, 1992)**.

Pour un peuplement équienne, d'une même essence sur une station homogène, la distribution des tiges par catégories de grosseur est souvent assimilée à la courbe normale de gauss en forme de cloche.

Selon les circonstances, cette distribution peut devenir dissymétrique et sa forme est largement tributaire de la sylviculture pratique « intensité des éclaircies » ainsi que la mortalité naturelle **(RONDEUX, 1992)**.

La structure de notre forêt été mise en évidence, en étudiant les distributions observées au niveau de canton Boumediene et de canton serrar, puis à l'échelle forêt en regroupant les distributions des deux cantons

RESULTAT ET INTERPRETATION

Canton Boumediene :

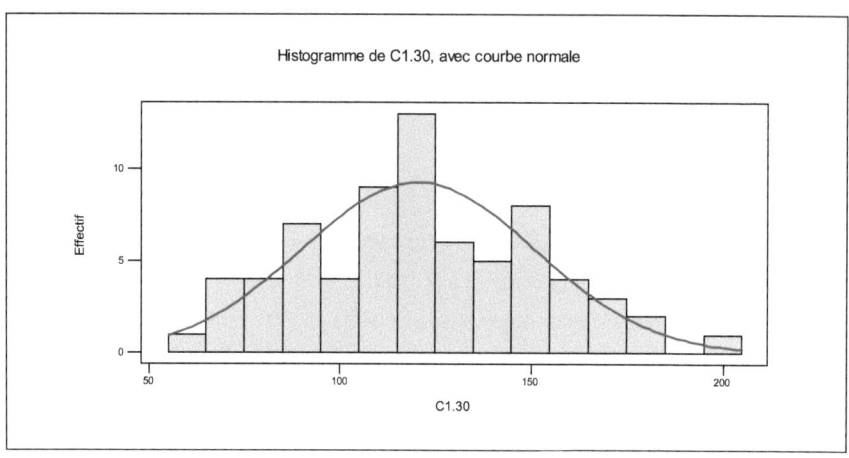

Figure 10 : histogramme de C $_{1.30}$ de canton Boumediene avec courbe normale

➢ **Canton serrar :**

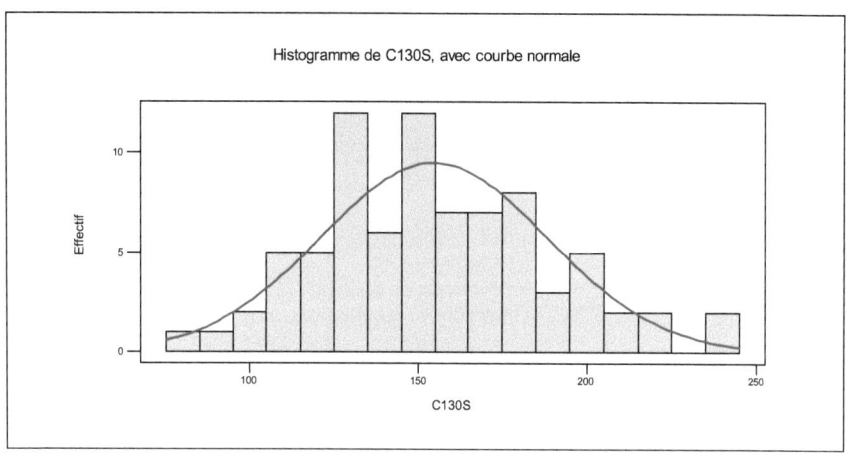

Figure 11 : histogramme de Classes de circonférence a 1.30 avec courbe normale (canton serrar)

RESULTAT ET INTERPRETATION

➢ **La forêt de Tlemcen :**

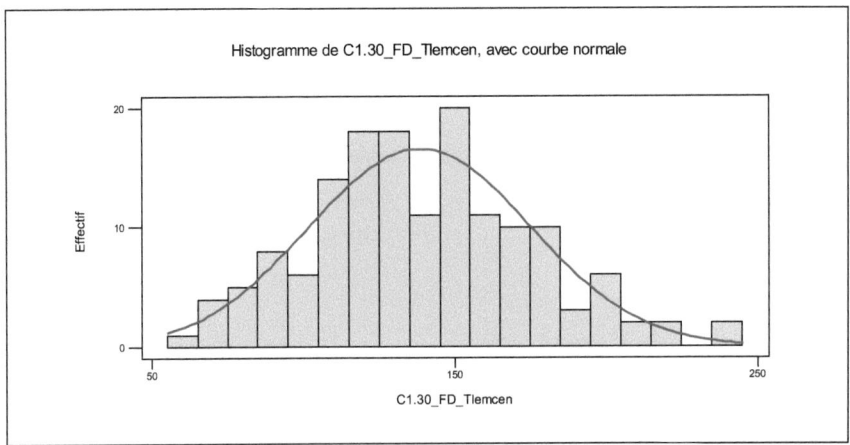

Figure 12 : histogramme des Classes de circonférences à 1.30 avec courbe normale (forêt domaniale de Tlemcen)

La normalité de ces distributions observées peut être vérifiée en comparaison à une distribution théorique par les tests de statistiques de conformité en l'occurrence .le test de khi-deux ou le test de Kolmogorov-Smirnov. Le dernier test, est qualifié comme un test plus puissant de la normalité **(DAGNELIE, 1993)**.

➢ **Le test de Kolmogorov-Smirnov:**

Ce test est basé sur la comparaison de la fonction cumulative de fréquence n'(x), pour l'échantillon, avec la fonction de répartition f(x), pour la population d'une façon plus précise, on détermine l'écart maximum existant en valeur absolue entre ces deux fonctions :

$$/n(x)-f(x)/$$

Et on compare cet écart à des valeurs critiques (VC) pour $a=5\%$ si :

N>35 : $\quad VC = \dfrac{1.36}{\sqrt{n}}$

N>5 : $\quad VC = \dfrac{0.086}{\sqrt{n+1.6}}$

On accepte l'hypothèse lorsque l'écart maximum observé est inférieur à ces valeurs critiques.

RESULTAT ET INTERPRETATION

Les distributions peuvent être dissymétriques dans le cas de cette forêt ayant pour causes :
*la variabilité dans les niveaux de fertilité des sols induisant des différences dans l'expression de la croissance des arbres.

*l'élimination sous forme de mortalités de certaines catégories de grosseur en faveur des autres.

*l'absence d'une sylviculture appropriée qui prend en considération l'évolution des peuplements dans le temps.

Après l'application du test précédent sur les distributions observées, nous avons obtenu les résultats suivants :

> **canton Boumediene :**

L'écart maximum observé= 0.058

La valeur critique =0.16

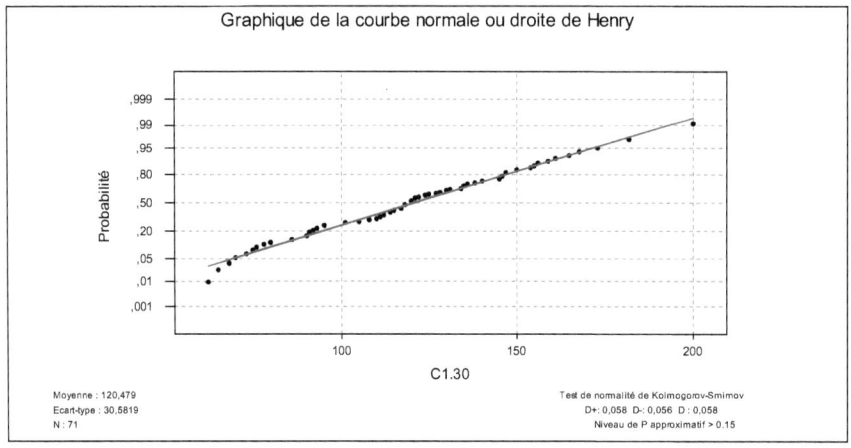

Figure 13 : droite de henry pour les circonférences à 1,30m (canton Boumediene.)

RESULTAT ET INTERPRETATION

> **canton serrar :**

L'écart maximum observé=0.063

La valeur critique=0.15

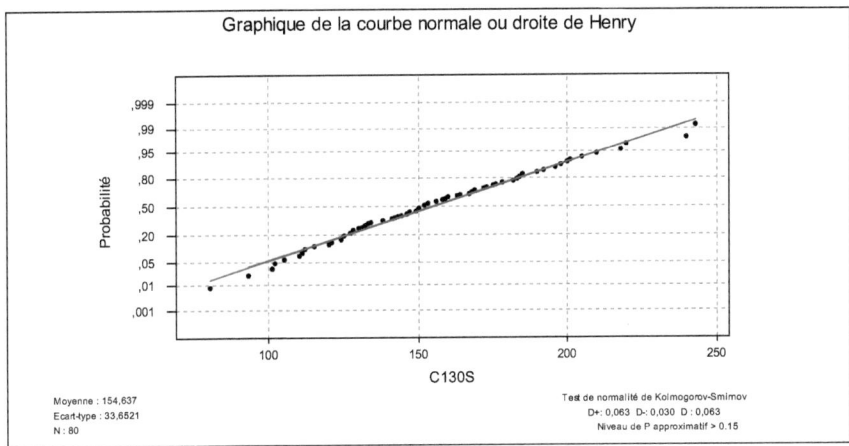

Figure 14 : la droite de henry pour les circonférences à 1,30m (canton serrar)

> **La forêt de Tlemcen :**

L'écart maximum observé=0.039

La valeur critique=0.11

RESULTAT ET INTERPRETATION

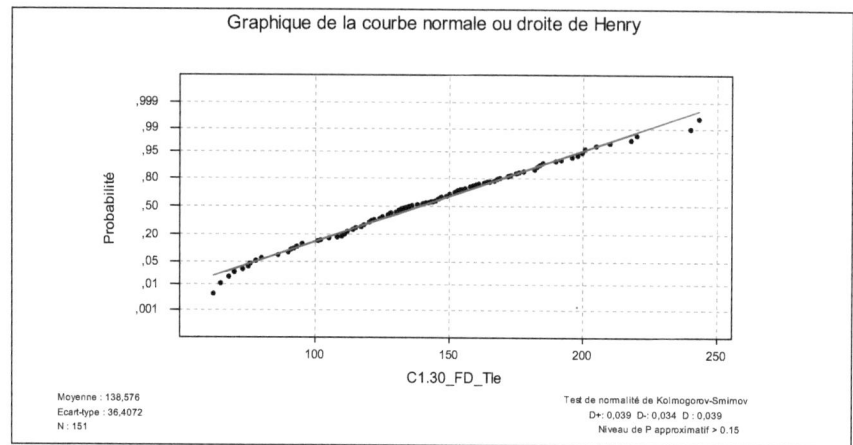

Figure 15 : droite de henry pour les circonférences à 1,30m (forêt domaniale)

On remarque que pour chaque distribution l'écart maximum observé, est inferieur à la valeur critique correspondant. Donc, hypothèse de normalité de la distribution est retenue.

On peut déduire ainsi, que les tiges se répartir suivant la loi de gauss ou loi normal.

IV.1.2. Résultat des paramètres dendrométriques :

IV.1.2.1. Circonférence de l'arbre moyen :

La circonférence (Cg) d'arbre moyen de nos placettes varie entre 94 cm et 184 cm avec une moyenne générale de la forêt 140cm.

IV.1.2.2. La hauteur moyenne :

La hauteur moyenne des deux cantons (Boumediene et serrar) varie entre 9.78m et 19.28m avec moyenne générale de 13 m

RESULTAT ET INTERPRETATION

IV.1.2.3. La hauteur dominante :

La hauteur dominante comme un bon indicateur de la fertilité stationnelle, la plus élevé est de 20.5m est observé au niveau du canton Serrar et le plus faible est de 11.75m est y enregistrée au niveau du canton Boumediene.

IV.1.3.1 Calcul Numérique :

A/ canton Boumediene :

Placette n°01 :

$V_{\text{arbre modèle}} = (C^2/4\pi) \times H \times F$

$V_{\text{arbre modèle}} = (0.136 \times 11 \times 0.35)$ m3

$V_{\text{placette}} = V_{\text{arbre modèle}} \times n_{\text{d'arbre en placette}}$

V placette $= 0.52\ m^3 \times 12 = 6.31\ m^3$

Placette n°02 :

$V_{\text{arbre modèle}} = (0.114 \times 13 \times 0.37)$ m3

V placette $= 0.551\ m^3 \times 10 = 5.51\ m^3$

Placette n°03 :

$V_{\text{arbre modèle}} = (0.128 \times 14 \times 0.4)$ m3

V placette $= 0.71\ m^3 \times 09 = 6.47\ m^3$

Placette n°04 :

$V_{\text{arbre modèle}} = (0.105 \times 12 \times 0.3)$ m3

V placette $= 0.37\ m^3 \times 12 = 4.54\ m^3$

Placette n°05 :

$V_{\text{arbre modèle}} = (0.071 \times 11 \times 0.38)$ m3

V placette $= 0.30 m^3 \times 16 = 4.80\ m^3$

Placette n°06 :

$V_{\text{arbre modèle}} = (0.188 \times 13 \times 0.47)$ m3

V placette $= 1.15 m^3 \times 12 = 13.84\ m^3$

RESULTAT ET INTERPRETATION

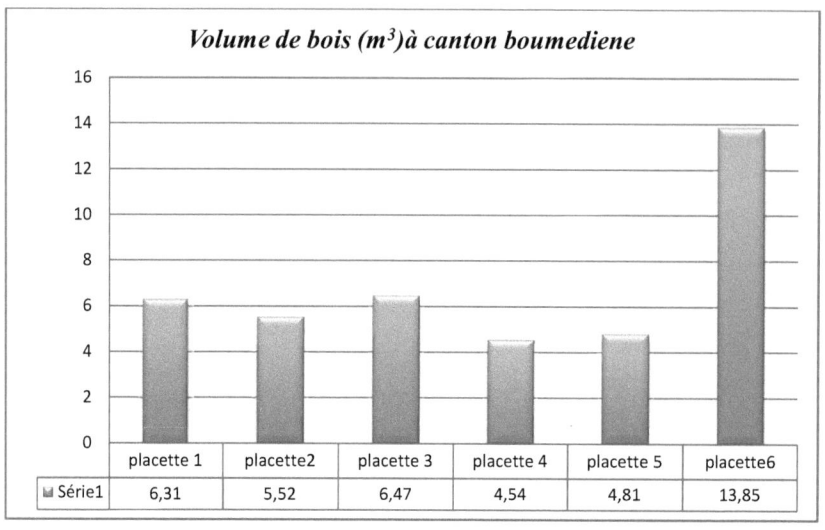

Figure 16 : diagramme qui représente le volume de bois à canton Boumediene

B/canton serrar :

Placette n°01 :

V $_{arbre\ modèle}$ = (0.20×14×0.37) m3

V placette =$1.01\ m^3 \times 12 = 12.17\ m^3$

Placette n°02 :

V $_{arbre\ modèle}$ = (0.18×15×0.4) m3

V placette =$1.06\ m^3 \times 14 = 14.84\ m^3$

Placette n°03 :

V $_{arbre\ modèle}$ = (0.23×12.5×0.49) m3

V placette =$1.44\ m^3 \times 16 = 23.08\ m^3$

Placette n°04 :

V $_{arbre\ modèle}$ = (0.26×21×0.46) m3

V placette =$2.57\ m^3 \times 13 = 33.48\ m^3$

Placette n°05 :

V $_{arbre\ modèle}$ = (0.16×13.5×0.43) m3

RESULTAT ET INTERPRETATION

V placette $=0.94\ m^3 \times 13 = 12.28\ m^3$

Placette n°06 :

V $_{arbre\ modèle}$ = $(0.14 \times 16 \times 0.39)$ m3

V placette $=0.87\ m^3 \times 12 = 10.54\ m^3$

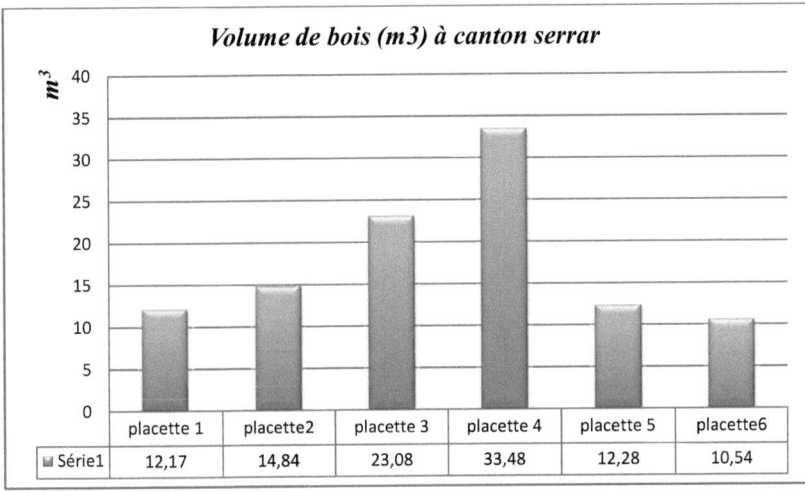

Figure 17 : diagramme qui représente le volume de bois à canton serra

RESULTAT ET INTERPRETATION

Tableau 12 : volume bois des placettes.

N placette	$V\ m^3$	Vm^3/ha
Canton Boumediene Placette 01	6,31	126,24
Placette 02	5,52	110,29
Placette 03	6,47	129,44
Placette 04	4,54	90,97
Placette 05	4,81	96,11
Placette 06	13,85	276,88
Moyen canton	6,92	138,32
Canton serrar Placette 01	12.17	243.47
Placette 02	14.84	296.95
Placette 03	23.08	461.66
Placette 04	33.48	669.67
Placette 05	12.28	245.72
Placette 06	10.54	210.91
Moyen canton	17.73	354.73
Moyen de forêt	15.78	315.69

RESULTAT ET INTERPRETATION

IV.1.4. Accroissement moyen annuel en volume :

L'accroissement moyen annuel en volume varie entre 0.75 m3/ha/an (canton Boumediene) et 5.58m3/ha/an (canton serrar) et avec moyenne générale de 2.63 m3/ha/an.

Tableau 13 : L'accroissement moyen annuel en volume des placettes

N placette	Vm^3/ha	AMA
Canton Boumediene Placette 01	126,24	1,052
Placette 02	110,29	0.91
Placette 03	129,44	1.07
Placette 04	90,97	0.75
Placette 05	96,11	0.80
Placette 06	276,88	2.30
Moyen canton	138,32	1.15
Canton serrar Placette 01	243.47	2.02
Placette 02	296.95	2.47
Placette 03	461.66	3.83
Placette 04	669.67	5.58
Placette 05	245.72	2.04
Placette 06	210.91	1.75
Moyen canton	354.73	2.95
Moyen de forêt	315.69	2.63

IV.2. Synthèse éco-dendrométrique :

Le double rôle du couvert végétal dans la stabilité et le bon développement des peuplements, ainsi que sur l'effet de productivité des essences forestières lui permet d'avoir une considération phytoécologique importante d'où la notion d'espèce caractéristique, **(GUINOCHET, 1973)** définit cette notion par « une combinaison originale d'espèces particulièrement liées à une structure de végétation donnée (groupement ou association végétale), les autres étant qualifiées de compagnes ».

Le cortège floristique fidèle à l'association du pin d'Alep qui composé par des espèces végétales indicatrices tels que :

- *Phillyrea angustifolea*
- *Cistus salvifolius*
- *Cistus villosus*
- *Rubia peregrina*
- *Globularia alypume*
- *Rosmarinus officinalis*
- *Amelodesma mauritanicum*
- *Chamaerops humilis*
- *Teucrium polium*
- *Teucrium fruticans*
- *Juniperus oxycedrus*
- *Pistacia lentiscus*
- *Crataegus oxyacantha*   **(KADIK ; 1987)**

Pour la comparaison entre les peuplements des deux cantons de la zone d'étude, la technique utilisée consiste à une analyse floristique en utilisant l'indice d'abondance-dominance des espèces, et ce par canton et plus précisément sur les espèces caractéristiques du pin d'Alep.

L'abondance est la proportion relative des individus d'une espèce donnée et dominance : c'est la surface couverte par cette espèce. Les deux notions étant très voisines. Elles sont intégrées dans un seul chiffre qui varie de 1 à 5 selon **BRAUN-BLANQUET, 1951** :

RESULTAT ET INTERPRETATION

+ : espèces présentes, mais d'une manière non chiffrable, nombre d'individus et degrés de recouvrement très faible ;

1 : espèces peu abondantes, avec un recouvrement faible, moins de 5 % de la surface ;

2 : espèces abondantes couvrant environ 25 % de la surface ;

3 : espèces couvrant entre 25 à 50 % de la surface ;

4 : espèces couvrant entre 50 à 75 % de la surface ;

5 : espèces couvrant plus de 75 % de la surface.

		Canton	Canton Boumediene		Canton Serrar	
paramètres du milieu		Altitude (m)	1050-1150		1000-1100	
		Exposition	N _ NE		N	
		Pente (°)	15-30		0-15	
		profondeur du sol (cm)	25-40		35-50	
paramètres de production		volume (m3/ha)	138.32		354,73	
		H dom (m)	14.70		16.91	
		Cg 1,30 (m)	1.24		1.56	
				Abondance		Abondance
indices floristiques		Recouvrement	Liste des espèces	60%	Liste des espèces	75%
			Ampelodesma mauritanica	3	Quercus rotundifolea	+
			Juniperus oxycedrus	3	Chamaerops humilis	+
			Crataegus oxyacantha	+	Ampelodesma mauritanica	3
			Daphné gnidium	1	Asphodelus microcarpus	1
			Sedum sediforme	1	Urginea maritima	+
			Urginea maritima	1	Anagalis arvensis	1
			Asphodelus microcarpus	2	Ornithogalum umbeletum	2
			Chamaerops humilis	1	Muscari niglectum	1
			Catananche coerulea	+	Teucrium fruticans	1
			Anagalis arvensis	1	Sonchus asper	+
			Galium aparine	1	Cistus salvifolius	+
			Ornithogalum umbeletum	2	Calendula arvensis	+
			Muscari niglectum	1	Fumaria capreolata	+
			Pinus halepensis	5	Cirsium echinatum	1

RESULTAT ET INTERPRETATION

Teucrium fruticans	1	Sedum sediforme	+
Cistus salvifolius	+	Calycotum intermedea	2
Cistus vilosus	+	Asperula hirsuta	+
Calendula arvensis	+	Asparagus acutifoius	1
Cirsium echinatum	1	Daphne gnidium	+
Calycotum intermedea	2	Juneperus oxycedrus	1
Asperula hirsuta	+	Pinus halepensis	5
Asparagus acutifolius	1	Sinapis arvensis	+
Philerea angustifolea	+	Centaurea pulata	+
Olea europea var oleaster	+		
Centaurea pulata	+		
Fumaria capriolata	+		

Tableau 14 : tableau des caractéristiques éco-dendrométriques

La synthèse éco-dendrométrique du peuplement du pin d'Alep, nous a permis d'avoir une vision sur le comportement de ce peuplement par le biais de la présence des espèces compagnes.

Le tableau 14, donne une idée sur la distribution des fréquences des espèces floristiques accompagnatrice du pin d'Alep et la production pour les deux cantons de Boumediene et serrar. D'autre part il y a une différence de productivité (volume bois) entre ces deux cantons, 138,32 m3/ha (a canton Boumediene) et 354,73m3/ha (a canton serrar), ainsi la production la plus élevé est enregistré dans le canton de serrar, ceux ci peut être expliqué par la présence de la concurrence entre les arbres du pin d'Alep et les autres espèces secondaires qui présente dans la forêt domaniale de Tlemcen. En analysant le tableau ci-dessus, en constate que le contant de Boumediene qui présente la faible production en matière de bois, regroupe un ensemble des espèces secondaires avec une abondance plus ou moins importante par rapport a l'autre station (canton serrar), ces espèces rentre en concurrence avec le pin d'Alep et qui sont représentées principalement par *Juneperus oxycedrus, Ampelodesma mauritanica et calycotum villosa.*

- D'autre part la faible production de nos peuplements, notamment dans le canton de Boumediene, peut être expliquée par l'influence des conditions topographiques (terrain très accidenté), et les conditions édaphiques (sol superficiel), en outre la forte pression anthropique exercée sur le milieu, le rendant fragile.

CONCLUSION GENERALE

Conclusion générale:

Le pin d'Alep participe en grand partie à la production du bois, à la protection de l'environnement et la création des forêts de loisir et de détente, cas de la forêt domaniale de Tlemcen (zone d'étude).

Au terme de ce mémoire, nous avons fait un inventaire dendrométrique sur douze placettes implantées sur la base d'un échantillonnage systémique dans la forêt domaniale de Tlemcen, et en plus nous avons établi une liste floristique dans chaque station d'étude.

La récolte et le traitement des données ont permis de calculer le volume moyen par hectare de chaque canton (canton Boumediene : 138,32 m3/ha ; canton serrar : 354,73m3/ha).

Les résultats obtenus à l'issue de la méthode de l'arbre moyen sont très intéressants ;et dont les caractéristiques dendrométriques moyennes sont résumées en : une hauteur moyenne de 13 m, une densité moyenne de 252tiges par hectare (canton Boumediene 237 tiges/ha ; canton serrar 267 tiges/ha) et un accroissement moyen annuel de 2.63m3 par hectare et par an ;cette valeur indique que notre peuplement de pin d'Alep se développent normalement dans les types de station similaire à notre zone étude.

En outre, on a essayé de caractériser le peuplement du pin d'Alep par le biais de son cortège floristique, en effet la synthèse éco-dendrométrique, nous a permis de dégager le lien qui existe entre les indices de productions (volume de bois) et les indices floristiques en relation avec le milieu abiotique, en effet les condition topographiques et la profondeur des sol ajouter a cela, la densité des peuplements et la concurrence vitale entre les espèces secondaires et le pin d'Alep, qui influe considérablement sur l'état dendrométrique du pin d'Alep et sur le rendement et les accroissements en volume de bois .

Enfin et au seuil de ce travail, nous indiquons que la forêt domaniale de Tlemcen, est une forêt âgée (120 ans), mais elle joue encor le rôle de protection et de loisir, chose qui mérite une attention particulière de la part des gestionnaires forestiers quant a la régénération ; l'exploitation et l'introduction des espèces feuillus pour l'aménagement de la belle vue et la préservation de la biodiversité.

REFERENCES BIBLIOGRAPHIQUES

Références bibliographiques :

- **ABISALEH B., BARBERO M., NAHAL I. et QUEZEL P.** 1976. Les séries forestières de végétation au Liban. Essai d'interprétation schématique. Bull. Soc. Bot. Fr. 123 (9) : 541-560.
- **ACHERAR M.** 1981. La colonisation des friches par le pin d'Alep (Pinus halepensisMill.) dans les basses garrigues du Montpellier. Thèse de doctorat, USTL Montpellier, 210 p.
- **ACHERAR M., LEPART J. et DEBUSSCHE M.** 1984. La colonisation des friches par le pin d'Alep (Pinus halepensis Mill.) en Languedoc méditerranéen. Oecologia Plantarum 5 (19) : 179-189.
- **AMMARI Y., SGHAIER T., KHALDI A. et GARCHI S.** 2001. Productivité du pind'Alep en Tunisie : Table de Production. Annales de L'INGREF N° Spécial. Pp : 239-246.
- **BAGNOUL S.F ET GAUSSEN H.**, 1953-saison sèche et indice xérothermique Bull. Soc. Hist. Nat. Toulouse. pp 193-239
- **BARBERO M., CHALABI N., NAHAL I. & QUEZEL P.** 1976. Les formations à conifères méditerranéens en Syrie littorale. Ecologia Mediterranea, n° 2, pp. 87-99.
- **BENTOUATI A.** 2006. Croissance, productivité et aménagement des forêts de pin d'Alep (Pinus halepensis Mill.) du massif de Ouled Yaagoub (Khenchela-Aurès). Thèse Doctorat, 116 p.
- **BOUAZZA M.**, 1991.- Etude phytoécologique des steppes à Stipa tenacissima L. au Sud de Sebdou (Oranie-Algérie). Thèse. Doct.Univ. Aix Marseille. 119 P+ Ann.
- **BOUDY P.** 1950. Guide du forestier de l'Afrique du nord. Ed. La Maison Rustique, Paris. Pp : 245-258. 505 p.

- **BOUGUENNA S.** 2011.-diagnostic écologique, mise en valeur et conservation des pineraies de *pinus halepensis* de la région de djerma (nord-est du parc national de Belezma, Batna).thèse de magister en agronomie, option : gestion durable des écosystèmes forestiers. université el hadj lakhdar-Batna.
- **BOUNNIER**, gaston.la flore en couleurs de Gaston Bonnier.4tomes. Paris. édition belin. Réédition en 1990.1401p.
- **BRAUN-BLANQUET J.** 1951. Phytosociologie. Ed. 2, 631 p. Vien.
- **CHAKROUN M. L.** 1986. Le pin d'Alep en Tunisie. Options Méditerranéennes. Série Etude CIHEAM 86/1, 25-27.
- **COUHERT B** et **DUPLAT P.** 1993. Le Pin d'Alep. Rencontres forestiers-chercheursen forêt méditerranéenne. La Grande-Motte (34), 6-7 octobre 1993. Ed. INRA, Paris1993. (Les colloques n° 63), 125-147.

REFERENCES BIBLIOGRAPHIQUES

- **DAGET PH.**, 1977-Le bioclimat méditerranéenne, caractères généraux, mode de caractérisation. végétation,34(1) ,p1-33.
- **DAGNELIE P** .1975 —Théorie et méthodes statistiques. Les presses agronomiques de Gembloux, Vol (2), 463p
- **DAHMANI M.**, 1997.- Le Chêne Vert en Algérie. Syntaxonomie, Phytoécologie et dynamique des peuplements. Thèse Doct. Es-Sci. En Ecologie. Inst. Sc. Nat. Unv. Sc. Et. Tech Houari Boumediene (USTHB) Alger, 329 P + Ann.
- **DAHMANI KADDOUR S.**2000-contribution a l'étude des caractéristiques dendrométriques de la foret domaniale de Tlemcen (parc national de Tlemcen).thèse d'ingénieur .Univ Tlemcen .
- **DECOURT N.**, 1973-Protocole d'installation et la mesure des placettes de production semi-permanentes. C.N.R.F (INRA) France.25p
- **DUCHENE**, marie. Guide des arbres et arbustes. France : sélection du Reader's digest, 2003.319p
- **DUPLAT P** et **PERROTTE G.**, 1981-Inventaire et estimation de l'accroissement des peuplements forestiers. Ed. Hemmerle, Petit et Cie, Paris ,432p .
- **HAMILTON G .J**, 1975-Forest mensuration hand book. Forestry commission, London, 275 p.
- **KAABACHE M.** 1995. Les forêts de pin d'Alep de l'Atlas saharien (Algérie). Essai desynthèse phytosociologique par application de techniques numériques d'analyse. Docu. Phytoso. N° spé 15 : 235 251. Camérino, Italia.
- **KADIK B.** 1987. Contribution à l'étude du pin d'Alep (Pinus halepensis Mill) en Algérie : Ecologie, Dendrométrie, Morphologie. Office des publications universitaires (Alger). 585 p.
- **LOISEL R.** 1976. Place et rôle des espèces du genre Pinus dans la végétation du sud-estméditerranéen Français. Ecologia Mediterranea 2 : 131-152.
- **MEGHEILLI N.** 1998-Restauration du matorral cas du parc national de tlemcen.thése Ing.for.univ.tlemcen, 70p.
- **MEZALI M.** 2003. Rapport sur le secteur forestier en Algérie. 3ème session du forum des Nations Unis sur les forêts, 9 p.
- **NAHAL I.** 1962. Le pin d'Alep. Etude taxonomique, phytogéographique, écologique et sylvicole. Annales de l'école Nationale des Eaux et Forêts 19 (4) : 533-627
- **NAHAL I.** 1986. Taxonomie et aire géographique des pins du groupe halepensis. CIHEAM-Options Méditerranéennes. N° 1, pp. 1-9.
- **PARDE J** et **BOUCHON J.**, 1988-Dendrométrie. 2ème ed.E.N.G.R.E.F. , Nancy ,328p
- **PARDE J.**, 1961-Dendrométrie. E.N.E .F., Nancy.328p.
- **PUGGUY C.**, 1970-Précis de climatologie. Ed. Masson, 468p.

REFERENCES BIBLIOGRAPHIQUES

- **QUEZEL P.**, 1976.- les forêts du pourtour méditerranéen .In : forêts et maquis méditerranéen : écologie, conservation et aménagement. Paris, note techn. MAB, 2:9-33.
- **QUEZEL P. & MÉDAIL F.** 2003. Écologie et biogéographie des forêts du bassin méditerranéen. Éditions scientifiques et médicales Elsevier SAS. Paris, pp. 28-125, 571 p.
- **QUEZEL P. & PAMUCKCUOGLU A.** 1973. Contribution à l'étude phyto-sociologique et bioclimatique de quelques groupements forestiers du Taurus. Feddes Repertorium. Berlin. Vol. 84, n° 3, pp. 185-229.
- **QUEZEL P.** 1980. Biogéographie et écologie des conifères sur le pourtour méditerranée. Dans : Actualités d'Ecologie Forestière (Ed. : Pesson), Ed. Gauthier Villars, Paris, pp. 205-256.
- **RAMEAU, JEAN-CLAUDE** : MANSON, Dominique ; DUME, Gérard : gauberville .Christian .flore forestière française : volume 3, région méditerranéenne, paris : institut pour le développement forestier, 2008. 2426p.
- **RONDEUX J.**, 1992-Mesure des arbres et peuplements forestiers. Les presses agronomiques de Gembloux ,517p
- **SEIGUE A.**, 1985. La forêt circum méditerranéenne et ses problèmes. Ed. Maison neuve et Larousse. Paris. 502 p.

Sites web consultés

- Site Web 1: http://www.wikipédia.com
- Site Web 2: http://www.tela-botanica.org

Table des matières

Introduction générale *1*
CHAPITRE I : MONOGRAPHIE DU PIN D'ALEP
I-Présentation *2*
I-1-Taxonomie de l'espèce *2*
I-2-Description *2*
I-2-1-Port *2*
I-2-2-Aiguille *2*
I-2-3-Fruit *2*
I-2-4-Ecorce *3*
I-3-Chorologie du pin d'Alep *4*
I-3-1-Dans le monde *4*
I-3-2-En Algérie *6*
I-3-2-1- Les forêts littorales *6*
I-3-2-2- -Les forêts du Tell *6*
I-3-2-3-Le Tell algérois *7*
I-3-2-4-Les Pinèdes de l'Atlas saharien *7*
I-3-2-5-Les forêts des Aurès Nememcha *7*
I-4-Ecologie du pin d'Alep *8*
I-5-Syntaxonomique et association du Pin d'Alep *9*
I-6-Régénération chez le Pin d'Alep *09*
I-7-Usage et productivité du pin d'Alep *10*
CHAPITRE II : ETUDE DU MILIEU
II-Présentation de la zone d'étude *12*
II.1. Informations générales *12*
II.2. Zone d'étude : *13*
II.2.1. Situation géographique *13*
II.2.2. Situation administrative *13*
II.2.3. Origine de la forêt *17*
II.3. Caractéristique de la zone d'étude *17*
II.3.1. Relief *17*
II.3.1.1. Altitude *17*
II.3.1.2. Pente *17*
II.3.1.3. Exposition *18*
II.3.2. Structure géologique *18*

II.3.3.Aspect pédologique *18*
II.3.4. Hydrographie *18*
II.3.5. Aspect climatique..*19*
II.3.5.1. Climat local *19*
II.3.5.1.1. Le choix de la station météorologique *19*
II.3.5.1.2. Pluviométrie *19*
II.3.5.1.3. Les Températures *20*
II.3.5.1.4. Régime saisonnier *21*
II.3.5.1.5. Synthèse climatique *22*
II.3.5.1.5.1. Diagrammes Ombrothermiques de Bagnoles et Gaussen 1953 ....*22*
II.3.5.1.5.2. Climagramme pluviothermique d'Emberger *23*
Chapitre III : METHODOLOGIE D'ETUDE
III. Matériel et méthode du travail: *25*
III.1. Matériel de travail : *25*
III.2. Mise en place du dispositif expérimental *25*
III.2.1.Installation des placettes: *26*
III.2.2.Type et forme des placettes : *26*
III.2.2.1.Type de placettes : *26*
III.2.2.2.Forme des placettes *26*
III.2.2.3.Délimitation des placettes *27*
III.3.Détermination des relevés stationnels *27*
III.4. Mesures des caractéristiques dendrométriques dans les placettes d'échantillonnage...*28*
III.4.1. Mesure des circonférences :...*28*
III.4.1.1.Mesure des circonférences à 1.30 m...*28*
III.4.1.2.Circonférences de la tige de surface terrière moyenne (cg): *28*
III.4.2.Mesures des hauteurs..*29*
III.4.2.1.Mesures des hauteurs totales des arbres (H tot) *29*
III.4.2.1.1.Description du dendromètre Blume - leiss *29*
III.4.2.1.2.Emploi Pratique de dendromètre. Blume-leiss *29*
III.4.2.3. Hauteur moyenne (H m) *30*
III.4.2.4.hauteur dominante *30*
III.4.3. mesures de coefficient de forme : *30*
III.4.4.Age du peuplement...*30*
III.4.5.La Densité...*31*

III.4.6..Estimation du volume moyen des peuplements *31*

III.4.7.Accroissement moyen annuel en volume *31*

Chapitre VI : RESULTAT ET INTERPRETATION

Matrice Des Caractéristique Dendrométrique *31*

IV.1.Résultats de l'étude dendrométrique *33*

IV.1.1. Structure Forestière Des Peuplements. *33*

IV.1.2. Résultat des paramètres dendrométriques *38*

IV.1.2.1.Circonférence de l'arbre moyen *38*

IV.1.2.2.La hauteur moyenne *38*

IV.1.2.3.La hauteur dominante *39*

IV.1.3. Calcul Numérique *39*

IV.1.4.Accroissement moyen annuel en volume *43*

IV.2.Synthèse éco-dendrométrique *43*

Conclusion générale *47*

Références bibliographiques *48*

Oui, je veux morebooks!

I want morebooks!

Buy your books fast and straightforward online - at one of the world's fastest growing online book stores! Environmentally sound due to Print-on-Demand technologies.

Buy your books online at

www.get-morebooks.com

Achetez vos livres en ligne, vite et bien, sur l'une des librairies en ligne les plus performantes au monde!
En protégeant nos ressources et notre environnement grâce à l'impression à la demande.

La librairie en ligne pour acheter plus vite

www.morebooks.fr

OmniScriptum Marketing DEU GmbH
Heinrich-Böcking-Str. 6-8
D - 66121 Saarbrücken
Telefax: +49 681 93 81 567-9

info@omniscriptum.com
www.omniscriptum.com

Printed by Books on Demand GmbH, Norderstedt / Germany